U0222213

原子世界旅行记

〔苏〕米·伊林 著

王 汶 译

北方联合出版传媒(集团)股份有限公司
春风文艺出版社
·沈 阳·

图书在版编目（CIP）数据

原子世界旅行记/（苏）米·伊林著；王汶译. ——
沈阳：春风文艺出版社，2022.6（2022.9重印）
ISBN 978 - 7 - 5313 - 6209 - 8

Ⅰ. ①原… Ⅱ. ①米… ②王… Ⅲ. ①原子 — 儿童读
物 Ⅳ. ①O562-49

中国版本图书馆CIP数据核字（2022）第037195号

北方联合出版传媒（集团）股份有限公司
春风文艺出版社出版发行
http://www.chunfengwenyi.com
沈阳市和平区十一纬路25号　邮编：110003
辽宁新华印务有限公司印刷

责任编辑：韩　喆　邓　楠　　　　责任校对：陈　杰
封面绘制：张杰客　　　　　　　　幅面尺寸：145mm × 210mm
字　　数：61千字　　　　　　　　印　　张：4.25
版　　次：2022年6月第1版　　　 印　　次：2022年9月第2次
书　　号：ISBN 978-7-5313-6209-8　 定　　价：28.00元

目 录

── 原子世界旅行记 ──

到原子里去旅行

我们谁没有憧憬过遥远的世界呢？谁没有向往过无边无际的星际空间呢？

其实有一些离我们很近的世界，它们跟夜晚在天空里闪烁着的世界一样神秘。

这种离得很近的世界，在我们周围和我们自己的身体里边到处都有。太阳光从百叶窗的缝隙照进屋子里来，在那一道太阳光里闪烁着的每一粒小灰尘里，都有几十万万个这样的世界。现在从我的钢笔尖流到纸上去的每一滴墨水里，也有几十万万个这样的世界。

遥远的世界——星空——谁都看见过。

离得很近的世界——原子——却还没有人看见过。

人们已经想了许多世纪，想知道原子是什么东西。但是只在最近这些年来，人们才能够深入到原子里面去。

他们完成了这次旅行，却并没有走出自己的实验室。

他们一路上还看到了许许多多新奇的事物，而且带了最丰富的收获物回来。

这次旅行可真不容易。人们屡次问自己，我们想研究的原子究竟存在不存在？

实际上，人们就居住在原子世界里。他们是这个世界的居民。每一次他们在炉子里点火，就是在迫使碳原子和氧原子相结合。每一次他们从矿石里炼出铁来，就是在调度无数铁原子的大军。

锻工、玻璃工、陶工和炼钢工，他们从早到

晚就是在使一些原子结合和分离，但是他们不知道这回事，因为谁也没有看见过原子。对于原子，人们只能够猜想。

最早领会到一切东西都是由原子构成的，是希腊的学者留基伯[①]和德谟克里特[②]。他们说，当原子相结合的时候，就造成了万物，当原子各自分离的时候，万物就被毁坏了。

---

① 留基伯，古希腊唯物主义哲学家，原子论的奠基人之一，生活在公元前5世纪。——原书编者注
② 德谟克里特，古希腊伟大的唯物主义哲学家，可能是留基伯的学生，生活在大约公元前460—大约公元前370年。——原书编者注

这是很久以前的事——2300年前的事。但是在这多少个世纪里，这个问题始终没有脱离猜想的阶段。

学者们分成了两个阵营。一些人说有原子，另一些人说没有原子。他们展开了激烈的争论。事情竟闹到这般地步：主张原子学说的人被控告是亵渎神明，讲原子的书籍被焚烧掉。

虽然迫害重重，研究自然的人始终不肯放弃关于原子的猜想，因为这种假说是说明万物怎么构成、怎么被毁坏的最简单最合理的方法。

为了使猜想得到证实，必须从争辩、讨论到进一步去做实验。

他们不能赤手空拳地到原子世界里去，必须跟旅行家一样，带着各种装备、用具和器械。

人们去探险的时候，一般都携带着武器、帐幕、指南针和地图。

到原子世界里去的旅行家却带着烧瓶和曲颈瓶，蒸馏釜和旋管。

化学家把各种物质熔化、混合、蒸馏、溶解和沉淀，同时还不断地称量那些物质，为了要知道在实验中用了多少物质，得到了多少物质。

化学家也在调度原子大军，但是他们已经不像古时候的锻工或玻璃工那样无意识地做这件事，而是尽力想弄明白，在他们那些曲颈瓶和烧

瓶里发生的是些什么事情。

可是在很长一段时期里，化学还只是一种工艺，没有变成科学。

那时候，化学家面对着由单质构成化合物或是化合物分解成单质的种种现象，还搞不清楚在物质的内部到底发生了什么事情。

头一个不仅把化学叫作科学，而且把化学也变成了科学的，是俄罗斯科学家罗蒙诺索夫①。他浏览了原子世界，用他的慧眼看见了——用他自己的话来说——"用最好的显微镜都看不见的"事物。

罗蒙诺索夫看见了构成物质的"难以捉摸的微粒"，而且头一个在它们中间区别出化合的微粒——分子和单纯的微粒——构成分子的原子。

---

① 罗蒙诺索夫（1711—1765），俄罗斯科学家。据苏联科学家考证，罗蒙诺索夫在18世纪40年代就论证了化学变化中物质质量的守恒。——译者注

他看见了，在空气膨胀或收缩的时候，"难以捉摸的微粒"怎样分散开去或聚集起来。

他看见了，把固体加热的时候，微粒怎样开始运动得越来越快。瞧，它们分散开去——固体熔化成液体了。瞧，它们飞散了——液体变成蒸气了。

他看见了，在化学家的烧瓶和曲颈甑里，分子怎样分解成原子，原子怎样化合成分子。

罗蒙诺索夫不仅领会到这一点，他还用称量和计算核对了这件事。

他料到别人将要反驳他，因此他在《化学的用途》那本书里说道："关于这一点，我想，你们会说，化学只显示出构成化合物的物质，却并不特别显示出每一颗微粒。对于这种话，我在这里回答，一直到现在，研究家的慧眼还没有能够深入洞察物体的内部。但是，假如有一天这个秘密被揭露了，那么化学一定是走在前头的，它将第一个揭开大自然最神秘的殿堂的帷幕。"

罗蒙诺索夫就是这样提前100年就预言了后来科学家一步一步向前走去的道路。

每一次，当科学家用两种不同元素的原子造成一种化合物的时候，或者相反地，把化合物分解成组成它的元素的时候，都是在向原子世界的深处进军。

1781年，在化学实验室里，爆鸣气——氢

和氧的混合物——初次爆炸，砰的一声，把水的组成告诉了人们。

过了三年，化学家又把水分解成元素的实验做成功了。

把水蒸气通过一根装有烧得赤热的铁屑的管子，热把水的分子分解成氢原子和氧原子，氧跟铁化合成铁锈，氢跟没有分解的水蒸气一同从管子的另一端冒出来。

原子学说获得了一个又一个胜利。

物质分解的时候，化学家把各种元素的原子分别收集起来，称量它们，测定这一种原子比那一种原子重多少倍。

化学家不是跟每一个原子个别地打交道，而是跟一大群原子打交道。

任何一滴溶液，任何一撮盐，都是整整一条"银河"。

但是银河是没法放到烧瓶里把各种星星分开的——没法把蓝色的跟蓝色的放在一块儿，红色的跟红色的放在一块儿。

一小撮盐却可以从溶液里沉淀出来，用滤器过滤，再放到天平的秤盘上去称量。

科学家越来越经常地想到这种原子世界和星星世界的比较。

用门捷列夫[①]的话说："在原子学说里，认为原子世界的构造是跟太阳、行星、卫星等天体世界的构造相同的那种概念，开始越来越有力地被人确信了。"

原子世界跟星星的世界相像！

---

① 门捷列夫（1834—1907），俄罗斯化学家，发现元素周期律。——译者注

这种概念曾经使企图窥探物质深处的人们觉得眼花缭乱。

后来这个世界里一个一个的天体越来越清楚地出现在人们的面前了。

各种原子陆续地得到了名字。

19世纪初叶，科学家开始用符号来表示各种原子。

他们用小圆圈表示氧原子，用中间有十字的小圆圈表示硫原子。

为了画出原子世界的"太阳系"之一——三氧化硫的分子，他们在当中画一个中间有十字的小圆圈——硫原子，而在这个"太阳"的周围画三个小圆圈——三个氧原子。

像这样，科学家的思想进入了分子的深处。

但是在那时候，人们离原子深处还远得很，而且他们认为进入原子深处是办不到的事情。他们想象，原子是分不开、打不碎、钻不进去的坚固的小圆球。

英国的科学家道尔顿[①]说，创造或毁灭原子，跟创造新行星或毁灭已经存在的行星是同样不可能的事。

那时候，化学家已经能够用原子造成分子了，但是道尔顿不曾想到用更小的微粒来组成原子，或是把原子打碎成几块。

---

① 道尔顿（1766—1844），英国的物理学家和化学家。原子理论的提出者。——原书编者注

原子世界图

　　从前，德谟克里特指示给学者们一个目标，一个看不见的、谜一般的目标——原子。

　　成千上万的学者向这个目标前进。他们在曲折的道路上走着，有时候迷了路，有时候又找到

提出"原子论"的德谟克里特

了路。

迷路是并不奇怪的。地图是有了，星图是有了，而原子世界图却还没有。

化学家在研究各种各样的物质的时候，发现了越来越多的新元素的原子。他们给新元素起名字，研究它们的性质。

每一种元素都有它自己的特征，有它自己的特殊的性质，但是元素太多了，实在不容易把它们一个一个地记住。

学化学的大学生真伤透了脑筋，他们常常把混乱的一群原子里的这一种原子当作那一种原子，而且把它们各种各样的性质记错了。

必须从这样的混乱中找出一种秩序来。

因为要是科学家看见眼前是一团乱麻，这只不过表明，他对许多事情还不明白。这一团乱麻不是在大自然里边，而是在他的头脑里边。

1868年，彼得堡工学院教授门捷列夫开始编著《化学原理》。他知道，"科学的大厦不仅需要材料，也需要设计图"。

材料已经预备好不少了，设计图却还没有。

但是这种设计图怎么画呢？

地理学家画地图的时候，有经线和纬线组成的网格来帮助他。他确定每一个城市的经度和纬度，靠着经纬度的帮助把这个城市画到地图上去。

但是怎么在原子世界图上安排原子的位置呢？

门捷列夫决定，为了这个，应当把那些元素按照它们的主要性质排列起来。

把元素的哪些性质当作主要的呢？是颜色？是硬度？是沸点？是熔点？

都不是，门捷列夫选择了另外一种性质——原子的重量。

他按照重量来排列原子。第一个是最轻的原子——氢。在它的后面排列了其余的原子。

于是，表面的混乱立刻变得有秩序了，不再

门捷列夫"元素周期表"

是一团乱麻了。

这位天才人物的洞察力就表现在这里！

在表里，元素沿着横的和竖的方向排列起来——横的是周期，竖的是族。

在每一族里排列着相似的元素，就像地图上那样，在热带是一群动植物，在温带是另一群动植物，在寒带又是一群别的动植物。

你不会到北极圈里去寻找狮子或老虎。你也不会在赤道上找到海豹和海象。地理景观是跟地图上的位置有关系的。

在原子世界图上，元素的性质也跟位置大有关系。

在第一族里，碱金属元素——钾和钠是邻居。银和金排列在一起。

第七族是卤族元素的王国：氟、氯、溴和碘在那里安身。

在原子世界图上，也有空白点——空格。

例如在第三族里，靠近铝，便有这样一个空格。

门捷列夫认为，在这个空格里应该有一种还不知道的、没有被发现的、跟铝很相像的元素。

门捷列夫给这个还没有被发现的元素起了个名字叫"亚铝"，计算出它的原子量和比重，确定了它的其他的性质。

5年之后，在离门捷列夫工作过的那个实验室几千公里远的地方，"亚铝"被人发现了。

这种新元素是在比利牛斯山脉开采的闪锌矿里找到的。

图上的空格陆续地被填满了。

化学家研究矿物的时候，陆续地找到了门捷列夫预言过的那些元素。

原子世界图制成了。这是科学史上的一件大事。

德谟克里特指出了旅行的目的地——原子。

门捷列夫绘制了原子世界的图。

现在应该按照图向目的地前进了。

这时候，却出现了一个疑问：难道原子是深入物质内部去的道路上的最后一站吗？能不能有一天再钻进原子里面去，看看它是怎样构成的，是由什么构成的？

门捷列夫说："推测是容易的，但是现在还不可能指示给人们看，单质的原子是由若干更小的微粒组成的复合物。"

从原子世界来的消息和使者

在这一个时期里，从原子世界深处陆续传来了新的消息。

在门捷列夫发表他的元素周期表以前很久，科学家就已经开始收到这种从原子里发来的信号了。

还在18世纪，在罗蒙诺索夫的时代，物理学家就在社交场所做过一些奇怪的实验。一位绅士躺在一个玻璃台上。科学家站在一张小玻璃凳上，一只手握住那个躺着的人的手，另外一只手放在起电机的圆盘上。一位贵妇人受了怂恿，用

手指接近那个男士的前额。在绅士和贵妇人的手指之间就噼噼啪啪地发出火花来。贵妇人惊叫起来，赶紧把手指缩回去。

这种科学游戏在18世纪曾经风行一时。人们问科学家这究竟是什么道理，科学家只含糊其辞地说了些"电力"呀什么的。这些话是什么也解释不了的。

神秘的"电力"的行为跟真正的幽灵一样：它会使人们的头发倒竖起来，它在人们的身体里跑过，使人感到像蚂蚁爬过似的，连最勇敢的人也禁不住要打哆嗦。假如人们手拉着手，那么颤抖就一连串地——从第一个人身上传到末一个人身上。

这是从原子世界发来的信号，但是那时候人们不懂得这些信号。只有超越自己的时代的罗蒙诺索夫一个人知道，电的原理应该到原子世界里去寻找，"不研究化学，就没法知道电的真正的原理。"

信号越来越清楚明显了。

1802年，在俄罗斯物理学家彼得罗夫的实验室里，弧光灯发出了灿烂夺目的光。

几十年之后，城市的街道被"俄罗斯之光"——雅布洛奇科夫烛照亮了。

最早的罗德金灯泡出现了，在那灯泡里，电流使小小的碳块放光。

后来更发现了，电流不但可以使灯泡里的碳块或碳丝发光，也可以使空气发光。

罗蒙诺索夫就做过这样的实验：他把一个玻璃球里的空气抽出，然后用摩擦的方法使玻璃球带电。电就使剩在玻璃球里的稀薄的空气发光。

过了100年，物理学家又重新做这些实验。

他们把玻璃管里的空气几乎全部抽了出来，使电流通过玻璃管。稀薄的空气就发出淡红色的光来。

他们把空气抽出得更多一些再做实验。玻璃管壁就发出绿色的光来。

那时候，人们惊奇地瞧着物理书上说明这种奇怪的玻璃管的彩色插图。

插图下面注着：电光的现象。

但是这究竟是些什么现象呢？它们是怎么发

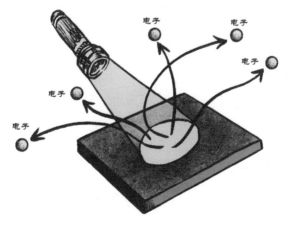

电光的现象（光电效应）

生的呢？

对于这些问题，书上没有解答。

为了找寻答案，科学家一个接一个地做实验。他们试着把磁铁拿近放电的管子。出乎他们的意料，玻璃上发绿光的部分竟移动起来，改变了位置。

光竟会被磁铁吸引！

可是，你知道许多别的实验已经一再证明，光线是不会受磁力的影响而发生偏向的。

由此看来，那通过玻璃管撞在管壁上使玻璃发光的，是一种什么实在的物质。

越来越明显了，电流不是一种神秘的超自然的力量，而是看不见的极小的微粒的洪流。

应该给这些微粒，给这些"电的原子"起个名字。科学家们想起来了，"电"这个单字是从希腊字"琥珀"来的，因为最早的电的实验是用琥珀来做的。

为了向琥珀表示敬意，他们决定用"琥珀"

来叫"电的原子"（电子）①。

过了不久，从原子世界传来了更令人惊奇的消息。

1895年，科学家伦琴②注意到，放电的玻璃管不仅发射看得见的光，还发射某一些看不见的射线。这种射线能够透过伦琴用来包照相底片的黑纸。经过冲洗之后，照相底片上显出了黑影。

假如人站在这种看不见的射线通过的路上，射线就会透过他的衣服，透过他的身体，只是透不过骨头。在人的背后立一个荧光屏，受到这种看不见的射线的照射能发出光来，荧光屏上就会映出一个影子，一个很奇怪的影子——不是这个人的影子，而是他的骨架的影子。活的骨架在荧光屏上移动，呼吸的时候，他的肋骨就一起一伏。

在科学家的实验室里，又出现了令人联想到

---

① 希腊文里"琥珀"叫"ελεκτρον"，写成俄文是"электрон"，俄文里"电"是"электричество"。"电的原子"就是"电子"。——译者注

② 伦琴（1845—1923），德国物理学家。——原书编者注

伦琴发现X射线

幽灵的东西。看不见的射线像童话里的幽灵一样，穿过门窗，穿过墙壁。

科学家又了解了一件从前好像是不可解的事情。

他们发现，看不见的射线是从被电子撞着的那一部分玻璃管壁发射出来的。

他们在玻璃管里的电子通过的路上立了一个金属片做靶。这个金属片在电子的撞击下也开始发射看不见的射线。

这种射线是从原子里发射出来的，但是原子

受了电子的射击究竟起了些什么变化，那时候还没有一个人知道。

过了几个月（这时已经不是用世纪来计算，而是用年和月来计算了），从原子深处传来了新的信号。物理学家贝可勒尔①拿一张照相底片用黑纸包起来，上面放了一点儿铀盐。他把底片冲洗过后，发现底片变黑了。

从铀原子里放射出一种什么东西，它穿过纸，撞在照相底片上。这种打击很有力量，竟把涂在照相底片上的溴化银击碎了。溴化银的微粒分解成了溴和银。

又过了两年，另一个意外消息惊动了全世界的科学家。

居里夫妇②发现了一种新的、更珍奇的元素

---

① 贝可勒尔（1852—1908），法国物理学家。——译者注
② 皮埃尔·居里（1859—1906），法国物理学家。他的夫人玛丽·居里，法国著名波兰裔物理学家和化学家，放射性元素学说的奠基人。除了镭，居里夫妇还发现了放射性元素钋。——原书编者注

居里夫妇发现镭

镭。它的放射性比铀强有力得多，因此他们把它叫作镭——原义是放射线。

镭盐的结晶会释放出能量来，虽然它自己没有从哪儿取得能量。假如有足够分量的镭盐，它能够烧开试管里面的水。

这真像幻想。能量似乎可以无中生有！

但是，它真的是从"无"中生出来的吗？不是的，无是不会生有的。放射线是从原子里放射出来的。

那么从原子里放射出来的究竟是些什么东西呢？这必须弄清楚。

磁铁又帮助了科学家。从原子里跑出来的使者在磁场里分成三股。

笔直前进的是一股看不见的射线，它很像伦琴射线。磁铁对它没有影响，因为这是光，虽然肉眼看不见。光线在磁场里是不会发生偏向的。科学家把这种射线叫作伽马（γ）射线。

偏向左右两旁的是极微小的微粒——原子的碎屑。一股碎屑是电子，也叫贝塔（β）粒子。另外一股碎屑被叫作阿尔法（α）粒子。

为什么从镭放射出来的电子和阿尔法粒子向不同的两个方向走呢？因为它们带着不同的电荷：电子带的是负电荷，阿尔法粒子带的是正电荷。带电的粒子移动形

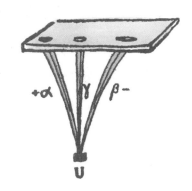

成的粒子流受了磁铁的影响，方向就偏转了。

从原子里发出来的秘密信号就这样被科学家译出来了。

20世纪初叶，科学家索迪①和卢瑟福②把它们译了出来。

许多世纪以来，人们一向认为原子是不可分的，是永恒的。如今，他们突然看见，不变的不可分的原子竟能够变化。

就好像你把三枚五分的硬币锁在抽屉里。过了几天，你发现抽屉里的五分硬币不是三枚，而只有两枚了。那第三枚五分硬币自己兑换成三分的和两分的硬币了。

镭原子的变化就跟这个相似。你把一点儿镭的随便哪一种盐放在玻璃管里，你把管口封上——把抽屉锁上。你清清楚楚地知道，管子里

① 索迪（1877—1956），英国化学家。——译者注
② 卢瑟福（1871—1937），英国物理学家。他建立放射性蜕变学说，证明原子的行星式构造，第一次击碎原子核。——原书编者注

29

除了镭盐和空气，没有什么别的东西。

但是过了几天，你做化学分析，竟惊奇地发现镭变少了，在玻璃管的空气里，出现了两种从前没有的气体：氦和氡。

一些"五分硬币"——镭原子——自己"兑换"成了"三分的和两分的硬币"——比较轻的氡原子和氦原子。

这是怎么回事呢？

这里的情形当然不是兑换，而是蜕变。每一个镭原子蜕变的时候，都抛出了一颗碎屑——阿尔法粒子。剩下来的已经不是镭原子，而是比较轻的氡原子了。

阿尔法粒子，科学家已经弄明白，原来是氦原子的核。所以玻璃管里除了氡，还有氦。

科学家用氡来做同样的实验——把它关在玻璃牢狱里。过了一个月，玻璃管里几乎一点儿氡也没有了。

消失的原子到哪儿去了呢？

它们每个又抛出了一个阿尔法粒子，变成了镭A原子。

这种蜕变的链继续下去。有的时候抛出阿尔法粒子，有的时候抛出电子，原子越变越轻，每一次蜕变都改变了重量，改变了性质，改变了名称，直到最后，剩下稳定耐久的铅原子。

以前，科学家从来没有谈到过原子的来龙去脉，没有谈到过原子的"后代"和"祖辈"。

但是在能自己蜕变的放射性元素被发现以后，物理教科书和化学教科书里就出现了图表，上面排列着原子世界的长长的家谱。

瞧，这是铀的家族。铀是许多元素的始祖。由它生出镭，又由镭生出铅。

瞧，这是另外一族——钍的家族。它也传下一大串后代，也是到铅为止。

但是从钍族出身的铅比从铀族出身的铅稍微重一点儿。

我们通常看到的铅——这是那两种铅的混

合物。

在门捷列夫的元素周期表里，这两种铅占着同一个位置。后来才发现这种"占着同一个位置"的元素有几百种，人们叫它们"同位素"。

像这样，科学家在研究原子的放射性蜕变的时候，陆续在门捷列夫的原子世界图上添上了新的点。

在他们的面前，原子世界的图越来越清楚了。他们从前看到的永恒不变的、不可分的、像凝固了一样的原子球，在不断地发生变化。极小的原子世界分裂了，诞生了新的原子世界。

有的原子寿命很长，长到几千年，几百万年，可有的原子也是短命的，只存在几秒钟。

假如你现在有一克镭，过了1600年才减少到半克。但是它那名字相同的近亲镭A却很短命，过那么3分半钟就只剩一半了。

原子际飞船

我们看到过讲未来的行星际飞船的书。

要到原子世界去旅行，就需要原子际飞船。

从氦原子里飞出的阿尔法粒子便成了物理学家的这种飞船。

物理学家决定用原子的碎屑来研究原子。

在他们的飞船要通过的路上，他们立了一道金墙——一片薄薄的金片。

原子

科学家们知道，这不是密实无缝的墙，而是一道格子栅栏。在金原子和金原子之间，应该有足够让阿尔法粒子穿过去的空隙。

阿尔法粒子穿过金片，撞在一个涂着硫化锌的荧光屏上。

阿尔法粒子每一次撞在屏上，都会发出肉眼看得见的光。如果把金片拿开，阿尔法粒子差不多都撞在同一个地方：屏上有一个清楚的小点儿在发光。

但是只要把金片放到原子际飞船通过的路上，情形马上就改变了：亮点儿扩展开来，变得大多了。这就是说，金片迫使某一些阿尔法粒子改变了航路，偏向边上去了。这种航路的改变通常不太多。

但是，有些阿尔法粒子偶尔会受到猛烈的撞击，远远地偏到旁边去了，甚至给撞回去了。

如果挪动荧光屏，把它放在金片旁边或后面，闪光便清清楚楚地说明了这些事情。

必须设法看懂这幕哑剧。

在自己的实验室里做这种实验的科学家卢瑟福着手去译出这些信号。

为什么绝大多数阿尔法粒子都像穿过真空一样穿过原子呢？是什么东西使它们之中的某一些改变了航路呢？是什么东西把很少的几个撞回去了呢？

阿尔法粒子是带正电荷的。

这就是说，在那原子深处一定有一种带着正电荷的粒子把飞到它跟前去的飞船推开。

为了说明原子际飞船的行动，卢瑟福决定运用比喻。

不仅诗人需要比喻，比喻也常常帮助科学家。

很早以前学者就把原子世界比作星星世界。他们认为，在原子世界里也应该有自己的太阳、行星和卫星。有一个时期，学者把原子比作行星。

这种比喻曾经一度起过作用，但是现在已经过时了。

卢瑟福认为更正确的是把原子比作太阳系，而不是比作行星。

阿尔法粒子在原子里的运动，使人联想到太阳系里彗星的轨道。瞧，彗星循着曲线走近太阳。瞧，它绕过太阳，飞走了。

卢瑟福想象，在原子中间有一个小小的太阳——核。

行星——电子环绕在核的周围。

阿尔法粒子在原子世界的太阳系里飞行的时

候，大抵都能穿过去，路上不会遇到什么障碍。在我们看来，金片是密实无缝的，对于阿尔法粒子，金片却是散布在空间的太阳和行星——原子核和电子。

有的时候，阿尔法粒子会跟行星——电子相碰。但是对于阿尔法粒子，电子并不是太大的阻碍。阿尔法粒子要比电子大得多，因而碰撞只不过使它的方向略略偏一点儿。

阿尔法粒子跟核相碰就严重得多。核要把它推开，因为核和阿尔法粒子都是带正电荷的，但是核在原子里只占极小的位置。

假使核跟我们的太阳一样大，那么从核到最外层的电子间的距离不会比从太阳到天王星间的距离近。这时候整个原子就差不多跟我们的太阳系一样大了。

这就并不奇怪，在几千个阿尔法粒子里面，只有一个会跟原子核——原子世界的太阳——相碰了。

这种碰撞很猛烈，会使阿尔法粒子远远地偏向一边，甚至被撞了回去。

这样的假说很好地解释了实验，并且不久以后，又发现这样的假说不但能解释这一个实验，还能解释其他许多实验。而这些实验回过来又帮助科学家在原子世界的图上补充了新的细节。

在一次又一次的实验中，科学家在原子世界里旅行，他们越来越清楚地设想这一个原子跟那一个原子之间的区别。

在旅行途中他们常常参考图——门捷列夫的元素周期表。

他们发现了许多新的事物。

他们明白了，在元素周期表里，原子的排列不只是根据它们的重量——从最轻的到最重的，还根据它们的构造的简单和复杂。

元素周期表的第一格里是氢原子。在很轻的核周围绕转的只有一个行星，即一个电子。电子带着负电荷，核带着正电荷，而整个原子是中性的——两种电荷恰好彼此平衡。

这又很惊人地证明了巴甫洛夫教授的见解，他在1834年就说："第一种元素是由负电荷和正电荷构成的。"

你们瞧，科学预见的力量有多么伟大！

门捷列夫的元素周期表的第二个格子里是氦。它的核较重一些，在核周围绕转的已经不是一个电子，而是两个电子了。第三个，是再重一些的元素，有三个电子。第四个，有四个电子。

科学家从一种原子旅行到另一种原子，最后到了元素周期表的第92格，也就是最重的原子——铀，它有92个电子。

要把科学家在原子世界里所看见的一切事物都讲出来，在几分钟里是办不到的。

他们看到的令人惊奇的事物真多。他们知道，他们的原子际飞船——从镭原子或铀原子里

飞出来的阿尔法粒子——是氦原子的核。

阿尔法粒子小得即使用倍数最大的显微镜也看不见，但是科学家竟在空气中侦察到了它们的踪迹。这就像威尔斯的隐身人[①]，也是根据他的踪迹被人家察知的。

阿尔法粒子穿过含着饱和的水蒸气的空气或别种气体的时候，它后边就留下了踪迹——一连串的小水滴。可以把这些小水滴照亮并且拍摄下来。这时候相片上会有一道亮线，像夜晚在天空里飞过的流星留下来的痕迹那样。

阿尔法粒子在路上留下的小水滴是哪儿来的呢？

阿尔法粒子穿过空气的时候，它跟路上遇见的原子相撞，把它们的行星——电子——撞出了轨道。原子失掉了一些电子，就变成不是中性的了。核的正电荷已经不能被电子的负电荷平衡。

---

① 威尔斯（1866—1946），英国作家，著有科学幻想小说《隐身人》。——译者注

原子变成了带电的微粒。带电的微粒就成了水蒸气凝聚的中心。因此，在阿尔法粒子经过的路上，空气里就出现了水滴。

科学家在原子世界旅行的时候，还发现了许许多多有趣的事物。

他们知道，铀原子或镭原子在分裂的时候发生了些什么事情。

从铀原子核里飞射出来氦原子核——阿尔

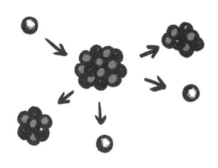

分裂成两半的原子核

法粒子。铀变成一种新的比较轻的元素——铀 X_1。铀 X_1 的核继续蜕变，从它里面陆续飞射出两个电子，然后又飞射出两个阿尔法粒子。于是铀变成镭，镭又继续蜕变，一直到变成铅为止。

从前，炼金家曾经幻想这种神奇的转变，幻想能把铅或铜变成黄金。

如今科学家发现，在原子世界里，元素竟自己在进行着奇妙的转变：铀变成镭，镭变成铅。

而且，也没有人把这件事再当作奇迹了。这是自然现象。

复杂的重的原子核自己在蜕变，变成比较简单、比较轻的原子核。

这时候，能量便从原子核深处释放出来；碎屑向四面八方飞射，速度比炮弹还要快几千倍。而且在分裂的时候，还发出能透过几厘米厚金属墙的所谓核光的看不见的闪光。这就是伽马射线。

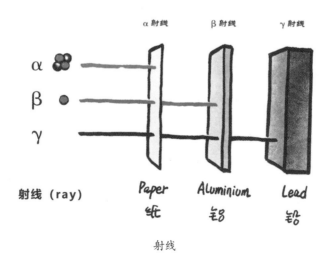

射线

征服原子核

原子际飞船阿尔法粒子飞进了原子世界，飞到了原子核的边沿。

现在必须冲进原子核里边去探索原子核的构造了。

这一回，卢瑟福还是利用了那个阿尔法粒子。因为它的速度比炮弹还要快几千倍，阿尔法粒子有希望笔直地冲进核去。

儒勒·凡尔纳在他的小说《从地球到月球》[①]

[①] 凡尔纳（1828—1905），法国作家，著有许多科学幻想小说，《从地球到月球》是其中的一种。——译者注

里，便利用炮弹飞船去研究月球。

卢瑟福的炮弹飞船就是阿尔法粒子。

卢瑟福用阿尔法粒子轰击氮原子。他发现，有时候可以击中目标。

阿尔法粒子冲进了氮原子核，从它里面打出一粒碎屑，这粒碎屑在涂着硫化锌的荧光屏上发出闪光。

后来，科学家成功地把这种"星球相撞事件"拍摄成立体照片。

在黑色的背景上，清清楚楚地现出一些白色的直线。每一条直线都是阿尔法粒子飞过的痕迹，都是一串小水滴。

这种直线像射线一样从放着一小块镭的地方放射出来。

但是其中的一条直线在尾端分叉了。观察阿尔法粒子的科学家明白这是什么意思。

阿尔法粒子在这里跟原子核相撞，并到原子核里面去了。原子核却分裂成两片碎屑，向相反

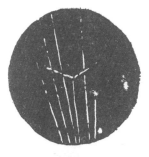

的两侧飞出去。

科学家研究了碎屑之后，知道氮原子核并吞了阿尔法粒子，变成了氢原子核和原子量不是16而是17的氧原子核，普通氧原子的原子量是16。

于是，人们把一种元素转变成另外一种元素的研究初次成功了。

炼金家徒劳了多少世纪，妄想找到把铅和铜变成黄金的哲人石。要达到这个目的，那些炼金家不仅是知识不够，而且手里也没有这种能够打破原子的工具和能量。

在炼金家炉子的烈焰里，原子核始终没有变化。就是现代的那种温度高达几千摄氏度的电炉，也未必能够破坏它。如果要用热来破坏它，必须有几百万摄氏度高的温度——跟星球内部一样高的温度才行。

可是现代的炼金家终于学会了转变元素。

他们不必到星球上去做实验。在地球上，在自己的身旁——在原子本身里边，他们找到了破坏原子的能量。

起初，他们只用镭放射出来的阿尔法粒子当作炮弹，但是这种射击并不好。炮弹向四面八方乱飞，就像盲目的炮手发射的一样，而且"火力"又太弱了。物理学家没有足够的炮弹，没有足够的镭来做"密集射击"。因为他们所有的镭盐不是用千克来计算，而是用毫克来计算的。

科学家开始思索，怎样可以用别的东西来代替镭，怎样可以打得比较准确。

炮弹是要多少有多少的。每一个氦原子核或是氢原子核都可以当作炮弹使用。但是必须使那个原子核以极快的速度飞射，而且向指定的方向飞射。这就需要造一架发射原子核的"大炮"。

科学家发明了好几种这样的"大炮"。他们用其中的一种，在"原子战线"上获得了新的胜利：用氢原子核击破了锂原子核。

锂原子核被打成两片碎块——两个氦原子核。

科学家一再地打胜仗。当"密集的炮火"——原子核炮弹的洪流——轰击坚固的原子核的时候，原子核就被击破了，变成碎片了。

在这里，很值得把一种最好的"原子大炮"——回旋加速器的构造讲一讲。

用"原子大炮"射击，必须使轰出来的原子核以巨大的速度向一定的方向飞去。

驾驶汽车很容易：把加速踏板往下踏，汽车就跑得快一些；转动一下方向盘，汽车就拐向右边或是左边。但是，怎样来驾驶原子际飞船——原子核呢？

只有一个方法，就是利用原子核是带电的这个性质。原子核带的是正电荷。这就是说，行进

中的原子核流会受磁场的影响发生偏向。

回旋加速器的工作就根据这个原理。

科学家利用强有力的电磁场来改变原子核行进的路线，迫使原子核不依直线而是绕着圈子前进，就像马戏班里的马在戏台上兜圈子一样，而且还要鞭打它，使它越跑越快。在这里就用电当鞭子。

关于这件事，我需要解释得详细一点儿。

我还没有告诉你，"马戏班的舞台"——那个让原子核在里面运动的扁圆的盒子——是分成两半的。

左边的一半充着负电荷，右边的一半充着正电荷，假如原子核在出入口，在两个半边"舞台"之间，它便会被充着负电荷的左半边吸引，飞进另一个半边去。

磁场改变原子核的路线，使它绕着圈子走。

原子核绕完半圈，从左半边"舞台"里飞出来，重新到出入口的时候，"舞台"的两个半边

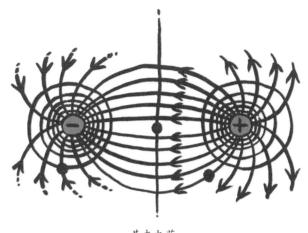

基本电荷

所带的电荷就自动地对调过来：左半边充着正电荷，右半边充着负电荷了。

电"鞭"——吸引力——等候着原子核，于是原子核又飞进"舞台"的右半边去。它的速度已经比刚才快了，它绕着飞的圈子也比刚才大了。

这样重复许多次。每"绕台"一周，原子核就沿着螺旋形路线飞得更快。

等到原子核的速度已经快得跟光的速度差不多的时候，就把它们从盒子的小孔里放出来。原

子核在空气里的路径是可以看见的：从盒子里射出一束一米到一米半的光来。

像从枪口里射出来的火光一样，你可以看得很清楚。

过后不久，苏联物理学家切尔列茨基发表了用来造成飞得极快的电子的加速器的计划和理论。

科学家利用回旋加速器和其他仪器，陆续轰击了许多种物质。

用施波里斯基教授的话来说，他们所做的事就跟想知道有趣的玩具内部构造的小孩子一样："小孩子拆坏玩具，物理学家破坏原子核。"

用来当作破坏原子核的炮弹的有阿尔法粒子（氦原子核）、质子（氢原子核）和氘子（最近发现的重氢——氘——的原子核，氘比普通的氢重一倍）。

用来当作靶子的，有硼、镁、铝、铍以及其他许多种元素的原子。

轰击立刻就有了惊人的成绩。镁转变成了硅。但是这不是普通的硅，而是放射性硅。科学家这样称呼它，是因为它像镭一样，自己继续蜕变，最后变成铝。硼转变成放射性氮，放射性氮蜕变的结果变成了碳。

虽然这样得到的物质分量极小，但是这是真正的炼金术。

那么黄金呢？是不是可以制出人造的黄金来了呢？不是的，科学家寻找的不是黄金，而是比黄金贵重得多的东西。人们在原子核里寻找自然界秘密的解答。原子核像一只小小的匣子，里面藏着无价之宝——原子能。

但是离掌握原子能还远得很呢。

原子大炮消耗的能量比它所产出来的能量多。它打得不准：几千发炮弹里边，只有一发能击中原子核。

大炮为什么这样不容易击中目标呢？这不能怪大炮，而要怪靶。那种靶是非常难击中的。

炮击原子核

因为在这里，炮弹和靶都是原子的核。原子的核都带着正电荷，它们互相排斥。而且物质中的原子核互相离得非常远。假如原子核跟太阳一样大，那么从一个原子核到另一个原子核的距离不会比从太阳到最远的行星的距离近。

要击中原子核，必须瞄得准。而原子大炮在射击的时候是不用瞄准器的。那么，或者应该增加靶的数量，增加在炮弹经过的路上的原子核吧？

也许让炮弹打进厚厚的一层物质，打进一大堆原子里去，总会打中哪一个原子核吧？

但是，这也于事无补。炮弹射进一大堆原子里去的时候，它的能量就在很短的时间里消耗完了，它还没有飞进一毫米深，就停止不动了。

原子核能够从物质的原子那儿夺到多少电子就夺多少电子，最后，它就在物质里面组成了新的"太阳系"——在几十万万别的原子里形成了一个新的原子。结果是，在射击锂的1000万个质子中间，只有一个能够打中标的，把锂原子的核破坏。

你瞧，科学家开始派遣他们的炮弹飞船到原子世界里去的时候，他们遇到了多少困难。

怎么办呢？还可以把大炮改良一下，使炮弹的速度加快。但是要改良靶，使原子核不再排斥原子核，却无论如何也办不到。

因为那是违反自然规律的。

好像一点儿办法也没有了。但是后来，办法还是找到了。

科学家在原子本身里边找到了一种不带电荷

的炮弹。这种中性的炮弹（科学家把它叫作"中子"）跟原子核不相排斥。

这种炮弹是在铍的原子里找到的，或者更确切些说，是用原子大炮从铍原子核里轰出来的。拿一点儿铍的氧化物粉末放在玻璃管里，把抛出阿尔法粒子的氦气通到玻璃管里去，中子就穿过玻璃管壁飞了出来，因为在中子经过的路上没有什么东西能够吸引它们，玻璃里并没有东西能够拦阻它们。等到中子一走出管子，科学家立刻把它们捉住了来研究。

他们确定了中子的质量，发现它跟质子的质量差别极小。

现在，科学家手里有了百发百中的炮弹。

只要把它派遣到原子世界里去，它就早晚会跟什么原子核相撞的。

有了这样神妙的炮弹，做个神炮手就不难了。

在原子核里

科学家开始考察原子世界后，对于这个世界，他们越来越清楚了。

瞧，这是太阳——原子核。瞧，这是它的行星——电子。

电子像行星一样绕着原点自转。只是它的"昼夜"短促得甚至使我们没有法子想象。电子也像行星一样绕着它们的太阳转，只是它们的"年"，对于我们来说也是短到察觉不出来的一刹那。电子的一年，只有我们的一秒钟的一万万万分之一。

我们把原子核比作太阳，把电子比作行星。但是并不是说，电子是和行星一样的。

电子和行星的大小既然差别有那样大，它们的一切行为当然也全不相同。用哲学家的话来说，这里是"量转化为质"。大小不同，行为也就不同。

要知道，电子只有最小的行星的一百万万万万分之一。

假使我们从行星说到电子，我们将不止一次地发现"量转化为质"。有许许多多很陡的梯级把行星世界和原子世界分隔开来。

行星的行为跟构成行星的分子的行为不同，而分子的行为又跟原子的行为不同。

不同世界的规律应该随着世界大小的不同而有显著的改变。

我们就拿轨道来说吧。

科学家起初以为，电子循着确定的轨道绕原子核转圈，只是偶尔从这条轨道跳到另一条轨道上去。

但是后来发现，电子并不是永远循着这些轨道走的。它可能脱离这些轨道。

假如电子像路灯一样发光，使我们的原子世界旅行家能够把它连贯地拍摄下相片来，那么在氢原子的相片上，在原子核的周围就会显出一团发光的云来。

在云比较亮的地方，电子经过的次数比较多。在云比较暗淡的地方，电子经过的次数比较少。

在许多不同的相片上，云的形状不会老是一样的：有的时候像圆球，有的时候像8字，有的时候像一个发光的环。

原子核世界完全不像我们所看惯了的这个大世界。

必须带着新的眼光到这个新的原子核世界里去。

只有科学能把这种新的眼光给大家。用科

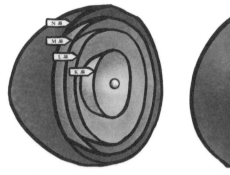

原子的构成

学、用理论和实验武装起来的人，开始看见他从前所看不见的事物。

可是人的思想又遇上了新的障碍：原子核挡在前面，那核里有些什么呢？

这里又需要理论和实验，又需要计算，才能看见。

科学家着手计算。假如你想跟他们一起看见原子核里的事物，你也得来计算。科学家决定先数一数造成原子核的"砖头"有多少。

氢原子核是一个质子。在核的周围，有一个电子在绕转。质子带着正电荷，电子带着负电荷，它们彼此平衡。

在元素周期表里，氢后边的元素是氦。

氦原子里不是一个电子，而是两个电子。

因此，它的核里必须有两个质子才能平衡。

但是，这里原子量有点儿不对了。

请你算一算看，氦的原子量应该是多少。

把质子的重量当作单位。电子的重量可以略去：因为电子的重量几乎只有质子的两千分之一。

演算这一道很容易的算术题，你会得到这样的答案：如果氢的原子量等于1，因为氢原子核里有一个质子，那么氦的原子量就应该等于2，因为它有两个质子：1+1=2。然而你错了。

事实上，氦的原子量是氢原子的四倍。

用学生的话来说，这道算术题做得"答数不对"。

那么错在哪儿呢？

一直等到科学家知道在原子核里除了质子之

外，还有中子，才找出错在哪儿。

在氦原子核里，除了两个质子，还有两个中子。中子的重量也差不多等于1，因此氦的原子量应该是等于4：2+2=4。

在碳的原子核里，有6个质子，6个中子，因此它的原子量等于12。

门捷列夫的元素周期表里的末一个元素——铀有92个质子，146个中子，它的原子量是238。

科学家就这样弄明白了，原子建筑物里的"砖头"像建筑师计算盖房子需要用多少砖头一样，是可以计算的。

但是在这个解答里，又出现了一件新的令人奇怪的事情。

表面上看来很简单的算术题，实际上完全不是那么简单。

假如所有的原子核都是由同样的"砖头"——质子和中子——构成的话，那么原子量就应该总是整数。

可是化学家对这样的解答提出了抗议。因为他们从自己的实验中知道得很清楚，绝大多数元素的原子量不是整数，而是带有小数的。

比如说氯吧。它的原子量是35.5。这"0.5"是怎么回事呢？你知道原子核里是不会有半个质子或半个中子的。

但是这时候，科学家想起了过去已经发现的一件事情：在原子世界里有"同位素"——占着同一个位置的元素。不只有一种氯，而有原子量不一样的两种氯；它们两个在门捷列夫的元素周期表里同排在第17格里。一种氯的原子量是35——它的核里有17个质子，18个中子。另外一种氯的原子量是37——它的核里有17个质子，20个中子。两种氯的混合物，就是大家都知道的原子量是35.5的氯。关于建筑成原子核的"砖头"的问题就这样被解答出来了。解答这个问题的荣誉属于苏联科学家伊凡宁柯。

现在，全世界的科学家都承认他提出来的关于由质子和中子组成原子核的学说。

计算帮助人们窥探了原子核的内部。在那里看到的事物使人们惊奇不已。

原子核占的空间只有那么一点儿，里面却有非常多的物质。

里面的物质拥挤得很，紧密得很，简直使我们难以想象。

把世界上最高的山——珠穆朗玛峰捏成可以塞进衣袋里去的一团儿，这时候你所得到的密度就跟原子核里的物质一样。

究竟是什么把原子核建筑物里的砖头结合在一起的呢？为什么质子和中子一起待在原子核里，挤得那么紧，并不向四面八方分散呢？

照理说，质子应该互相排斥，因为它们带着同样的电荷。

按照在我们所习惯的大世界里的规律，应该是这样的。

但是，难道可以用我们一向用惯了的尺度来测量原子的核吗？原子核这样小，它的直径只有一毫米的一千万万分之一。在这样小的空间能起作用的，只能是我们一向所不知道的力量。

这里又是另一种大小，另一种规律。为了弄明白为什么原子核不破裂成碎块，科学家断定，里面一定有一种我们还不知道的特别的力量在起作用。

苏联的物理学家塔姆和伊凡宁柯在创立原子核力理论方面有很大的贡献。

这种核力吸引住构成原子核的微粒，使它们结合成紧密的一团。核力只在非常小的距离之间起作用：每一个微粒都吸住邻近的微粒。这种力量比把一滴水或一滴水银里的分子结合在一起的力量要大千百万倍。

科学家设想，假如一个中子闯进了某一个原子核里，会发生什么情形。他们甚至把这种情形像影片一样画了出来。

瞧，第一个镜头是原子核。原子核里插着一支温度计——这当然只能在画里边这样做，事实上是办不到的。温度计指着0摄氏度。

原子核里插着温度计

如把一个中子射进原子核，温度计的水银柱会马上就上升到几十万万度。

没有一支温度计能够指示出这样高的温度。但是，影片上画的不是真的温度计，而是想象的温度计呀。

原子核里起了激烈的骚扰。微粒在它里面开始了剧烈的热运动。原子核已经不再像一个圆球了，它的形状迅速地改变，它的表面好像在痉挛。任何一次地震都没有这种"核震"厉害。在千万分之一秒钟以后，原子核表面的某一微粒受到它相邻微粒的特别有力的冲撞，从核里飞了出来。

这种微粒的"蒸发"是要消耗能量的，因此温度就显著下降，不过还是非常高。

原子核虽然已经不像刚才震动得那么厉害了，但还是安静不下来。最后的一个镜头，原子核把过剩的能量作为伽马射线——看不见的核光——放射出来了。

温度又等于零了。原子核安静下来了，但是这已经不是原来的原子核，而是另外一种原子核了。

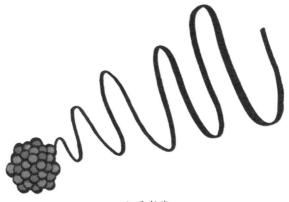

伽马射线

假如不是太重的原子核，情形就是这样。重的原子核就没有那么坚固。

为了找比喻，我们还是从原子世界暂时回到我们习惯的世界里来。

假如把一滴水银推到另外一滴水银的跟前，两滴水银就要合并成一滴水银。引力使水银的分子聚在一起。但是，假如把水银滴充上电荷的话，那么除了引力之外，又出现了斥力；并且在这种斥力太大的时候，水银滴开始伸长，中间就出现了细缝。终于，一大滴水银分裂成两小滴。有许多质子的重的原子核情形也是这样。

在铀的原子核里有整整92个质子。它内部的斥力大得可以使铀原子核自行分裂成两个。

这种事情是不常发生的。但是，如果有个什么原子炮弹，例如中子，从外面闯进了原子核，原子核就很难保持完整了。

科学家们摄下了原子世界的灾变——中子跟原子核冲撞的相片。假如这种灾变发生的时候，从原子核里飞出来的是阿尔法粒子，那么在相片上就可以清楚地看出原子核碎块的途径：被打碎了的原子核的残余向一边飞，从它里面被打出来的阿尔法粒子向另一边飞。

你也许要问：为什么这个阿尔法粒子是整个地从原子核里飞出来，而不是成为个别的质子和中子飞出来呢？

你知道，两个质子和两个中子似乎也可能跟爆炸的榴霰弹里飞出来的子弹一样，个别地飞出来，可是它们不知为什么四个在一起跑出来成为阿尔法粒子——氦原子核。

显然，有使核里边的微粒互相牵连在一起的力量。两个质子和两个中子牵连成一个"集体"，一个"小圈子"，但是对于其他的微粒，已经"手不够用了"，"没法儿牵连了"。

有的时候，在发生灾变以后，原子核的残余还会自己继续裂变，变成人造的放射性元素，例如放射性氮、放射性磷、放射性硅……

科学家终于跑进了原子核，知道了它是怎样构成的。他们手里已经有了击破原子用的可靠的炮弹——中子了。但是对于掌握原子能，距离还远得很。

中子飞进原子核。原子核抛出它的某一个微粒，或者把剩余的能量作为核光放射出来。但是事情就到此为止了。要继续取得下一份能量，就必须有新的中子。而要得到中子，又必须消耗能量用原子大炮来轰击物质。

简单的计算就表明，用这种方法消耗掉的能量要比取得的多许多倍。

科学家又到了山穷水尽的地步。他们实现了炼金家的幻想，学会了转变元素。他们找到了取得比黄金还贵重的原子能的方法。但是为了取得原子能，要付出极高的代价，高得简直不合算。

柳暗花明又一村

我们在奇妙的世界里溜达了一会儿。那里的一切都跟我们这里的不同，那里的一年等于我们的一秒钟的一万万万分之一。

那种事情，恐怕连儒勒·凡尔纳都想象不出。科学家的思想远远地超过了小说家的想象力。

但是当我们走到了目的地，当我们把神秘的宝箱打开的时候，却好像得不着什么宝贝。

为了打开那只宝箱，费的力气太大了，以至于得不偿失了。

研究原子的科学家到了山穷水尽的地步。

但是，世界上难道真有走不过去的死胡同吗？

船被冰冻住的时候，必须破冰冲过去，或是等待冰融化。

科学界也常有这种情形。在今天是此路不通，到了明天，却意外地找到了出路。

科学家的一番努力虽然好像快要化成泡影了，他们却仍然没有放弃征服原子能的想法。他们继续用中子来射击各种元素的原子核。

科学家做实验

后来，他们用铀来当作射击的靶，发现铀跟别的元素不一样。

铀原子核远没有别种元素的原子核坚固，它里面的斥力很大。

铀的原子核，一会儿这一个，一会儿那一个，会自己抛出一个阿尔法粒子，变成另一种比较轻的元素——铀X_1。

这种天然的蜕变不常发生。每克铀要过十万万年，才有一半儿变成铀X_1。

苏联科学家彼特查克和弗略罗夫发现，在自然界里，铀原子核还在进行着另外一种比较缓慢的蜕变，原子核自己分裂成比较大的两块。但是这种变化更加难得。假如没有别种分裂的现象，要过四十万万万万年，每克铀-235才会有一半儿蜕变。

但是这种蜕变无论进行得多么慢，它还是表明，铀是一只宝箱，它正在自动努力打开。这就是说，打开它，比打开任何别种坚固的原子核都容易。

铀原子核暂时是完整的。但是当一个中子闯进它里面去的时候，它就分裂成两块差不多相等的碎块，例如，分裂成一个钡原子核和一个氪原子核。这两块碎块以极大的速度向不同的方向飞去。

但是最重要的是，从被击破的原子核里还能飞出两三个中子来。

这是为什么呢？

因为在这样的重原子核里面，中子的数目比用来构造两个比较小的相当坚固的原子核所需要的多得多。建筑材料过多，就不得不从它的核里抛出一些来。

在发生灾变的当儿，马上就飞出两个或三个多余的中子来。

但是在铀原子的碎块——钡原子核和氪原子核里，在这以后也容纳了一些多余的不必要的中子。

原子核逐渐把它们释放出来。

原子核内部进行着一种神妙的工作：一个中子变成两个微粒——一个质子和一个电子。质子留在核里，电子被抛了出去。

现在让我们把话题回到发生灾变的一刹那去。

从被击破的铀原子核里飞出来两三个中子。

你打开宝箱，发现里面有两三把可以用来打开下面几只宝箱的钥匙。你知道，中子就是打开原子核的钥匙。

科学家立刻向自己提出问题：这些中子从分裂的原子核里飞了出来，以后将怎样呢？

它们可能从铀块里飞出来，也可能陷在某一些杂质里。但是假如杂质很少，而铀块又相当大，中子在铀块里就会跟别的铀原子核相撞，把它们击破。

从这些铀原子核里，又将飞出中子来。它们又将击破别的铀原子核。

这种原子核的分裂将越来越频繁，越来越扩

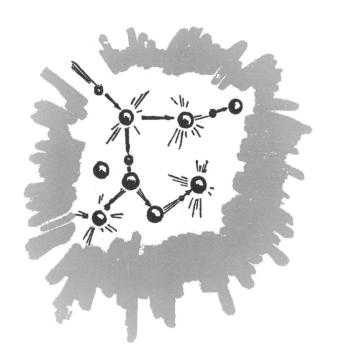

大。不多一会儿——在千百分之一秒钟里——整块铀里的原子核一齐分裂了，释放出来的能量比同样大的一块煤在炉子里燃烧发生的大千百万倍。

在这里，只要有一个中子，就足够用来爆破成千万万个原子核了。

这就好像炮弹不是落在普通的建筑物上，而

是落在弹药库里了。

炮弹落在普通的建筑物上，它就把建筑物击毁了。要是想击毁旁边的建筑物，又需要用新的炮弹。

炮弹落在弹药库里，情形就大不相同。这一个弹药库爆炸，会引起旁边的弹药库爆炸。

假如许多弹药库都挨得很紧，排成一行的话，那么只要用一发炮弹，就足够使所有的弹药库一个跟着一个爆炸。

在铀块里，会不会发生这样的连续爆炸呢？

连续爆炸，这就是链式反应，科学家从前也谈论过这件事。苏联科学院院士谢苗诺夫创立了关于链式化学反应的学说，用来解释物质在爆炸的时候分子所发生的机制。

谢苗诺夫创立链式化学反应学说

75

但是那时候说的是分子，并不是原子核。

最先推测原子核也可能有链式反应的是苏联科学家哈利顿和泽里道维奇。

在1939年，他们就计算过，要多大的一块铀才能够发生链式反应。

这就是说，科学家终于找到了线索——找到了通往征服原子能的道路。

然而路上的障碍还多着呢。

人控制原子能

最先弄清楚的是：并不是随便什么铀都会发生链式反应。从矿里采出来的普通的铀是三种铀的混合物，按照它们的原子量分别叫作铀-238、铀-235和铀-234。

只有比较轻的铀-235才能发生链式反应。但是在天然的铀里，铀-235非常少，每千克里只有7克。其余的差不多都是重的铀-238。可是它在里边只能碍事。

现在我们设想，一个中子冲进一块铀块里去。中子遇见了一个铀-235原子核，迫使它分裂。从铀-235原子核里就飞出两个或三个中子。这些中子飞远开去。在它们通过的路上，有许许多多不容易击破的重的铀原子核。中子陷在重的铀原子核里了。连续爆炸刚刚开始就停顿了。重的铀原子熄灭了反应，就像湿柴里的水分熄灭了火一样。

　　但是，湿柴是可以晾干的。而那碍事的重的铀原子，怎样除去呢？

　　通常，科学家利用不同元素性质的不同，把

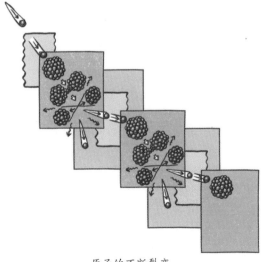

原子的不断裂变

各种元素的原子分开。

但是，如果你跟一群孪生子打交道，看你怎样区分他们！

在这里，区分工作变成了非常复杂的难题。

怎么办呢？

也许可以不必把那些孪生子分开，只要想法叫他们不互相妨碍就成了吧？

假如我们能操纵中子，假如我们能向它们发布命令：不要陷在重的铀原子核里，只许向轻的铀原子核里飞！那就好办了。

但是，怎样学会去操纵中子呢？你知道，它们又不是飞机，又不是汽车呀！

好像又无法可想了。

事实上，办法是有的。

可以在中子通过的路上放一些障碍物，使中子飞得慢一些。受了严重阻滞的中子不能够冲进重的铀原子核里去了，它的速度不够了。它只能冲进轻的铀原子核里去。

怎样使中子飞行的速度减缓呢？它们跟铀原子核相撞，会给弹开而减缓速度；但不是一下子地，而是逐渐地减缓。我们却需要把它们一下子突然减得很慢，不让它们飞进重的铀原子核里去。

怎样可以使中子从第三档速度一下子改变成第一档速度呢？

我们又要请比喻来帮忙了。它帮助我们已经不止一次了。

轻的中子撞在重的铀原子核上的时候，它像台球撞在台子边上一样，会被原子核弹开，只是速度稍微改变一点儿罢了。

但是，假如拦在中子通过的路上的不是这样重的原子核，而是跟它质量差不多相等的原子核，那么情形就不同了。中子冲在这个原子核上，就像台球冲在另外一个不动的台球上一样。这样一撞，不动的台球开始滚动，撞上去的台球滚得比刚才慢多了，甚至完全停住了。

这就是说，必须迫使中子经过一群轻的原子核，例如碳原子核。

中子撞在许多碳原子核上，速度很快地降低了。

这就是所要求达到的目标。

这样，科学家走进了原子世界，在那里找到了支配看不见的极小的微粒——中子——的方法，迫使它按照实验的需要来行动。

人们越来越果敢地从认识原子进而控制原子了。

炼丹炉

在古老的神话里，有法师用炼丹炉炼丹的故事。但是没有一个神话说到过科学家为了取得原子能而造的那种炼丹炉——原子锅炉，或原子反

应堆。

用石墨块和铀块这样堆积起来，使一层石墨块隔着一层铀块。从铀块里飞出来的中子必须经过减速剂——石墨，穿过一大群碳原子。因为石墨是由碳原子构成的。只有像这样受了严重的阻滞以后，中子才能射入别的铀块，或是折回去。

中子的速度已经减缓到没有陷在重的铀原子核里的危险了。

原子核的每一次裂变，都会分裂成碎块，碎块继续裂变，释放出能量。原子锅炉变热了，就像我们在盛水的试管里放了一粒镭盐，试管就会发热一样。

原子锅炉越来越烫，为了不让它由于过热而爆炸，不得不把它冷却，差不多要用整整一条河的水来冷却它。

就怕链式反应进行得太激烈，使得任何冷却法也不管用。

一定要会控制它的强大的力量。

在这里当作缰绳用的东西是用能够很好吸收中子的镉或别的金属做的棒。

科学家想把铀原子锅炉烧热的时候，就把棒从锅炉里抽出来，不叫它妨碍中子的工作。他们放松缰绳。

假使温度开始很快地上升，假使锅炉打算"造反"，他们就勒紧缰绳——把棒推回到锅炉里去。

原子锅炉放出能量——冷水变成热水从它里面流出来。在这里，隐藏着的神秘的原子能变得跟普通锅炉发出来的热一样平凡，一样容易觉察出来。

但是这种炼丹炉不只发出热来——它还炼出了杀害人的毒药。

铀原子核在分裂的时候就碎成碎块。这些碎块能抛出电子，继续分裂，做一连串的蜕变，这就成了人造放射性物质。它们对于在原子锅炉边工作的人的健康非常有害。人们必须想办法保护自己，不让自己的创造物把自己害死。

这个创造物——铀原子锅炉——就被关在有水泥厚墙的地牢里。

那么人们怎样管理原子锅炉呢？他们把自己跟原子锅炉隔离开了，怎么还能看管它呢？

能够从远处来观察和操纵机器的最新的技术帮助了科学家。在铀原子锅炉旁边可以看到许多精巧的仪器和机械，那是许多国家的人经过多年的研究创造出来的。

我们可以大胆地说，假如当初门捷列夫没有发现元素周期律，假如化学家、物理学家、动力学家、科学家和工程师们没有创造出现代科学和现代技术，人们就不能够掌握原子能。

在人的眼睛看不见的铀原子锅炉里，就像在恒星的内部那样，在进行着改造原子的工作。人们在管理这个工作，观察这个工作。

结果还发现，这个炼丹炉里炼出了一些在自

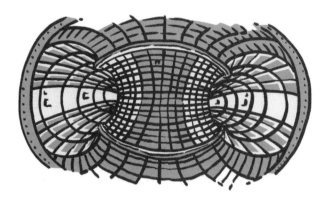

原子核聚变"锅炉"

然界里从来没有找到过的原子。

铀-238的原子核吸收了一个中子以后，变成铀-239。铀-239还没有活上几分钟就抛出一个电子，变成在门捷列夫的元素周期表里应该占第93格的一种新的元素。

第93格！它已经超出了门捷列夫绘制的原子世界图的境界了。因为门捷列夫的最末一个元素是第92种元素——铀。那时候人们还不知道有超铀元素。

必须给新的元素起一个名字。这时候，人又想起了行星：在太阳系里，天王星外边的行星是海王星，因此就把这种新的元素叫作镎①。

但是，镎的寿命也很短，它只能活几天。它也抛出一个电子，又变成一种新的元素——第94种元素。离我们比海王星还要远的矮行星是冥王星，因此把它叫作钚②。

原子世界逐渐扩大。

科学家问自己：为什么在自然界里找不到镎和钚呢？为什么门捷列夫的元素周期表到了第92种元素就停止了呢？

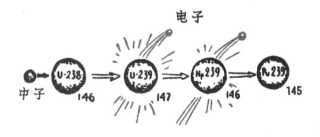

---

① 元素铀的名字 Uranium 是从天王星的名字 Uranus 来的，元素镎的名字 Neptunium 是从海王星的名字 Neptune 来的。——译者注
② 元素钚的名字 Plutonium 是从冥王星的名字 Pluto 来的。——译者注

这里只能有一个答案。在超铀元素的原子核里，质子比铀原子核里的质子还要多。原子核内部的斥力非常大，大得把微粒聚在一起的核力已经不能够克服了。

　　假如从前世界上有过镎和钚的话，它们也早已分裂了①。

---

　　① 利用强大的加速器和在原子反应堆里元素原子核之间发生的原子反应，已经人造了以前人们没有发现过的几种元素，这就是在元素周期表里的第43号元素（锝）、第61号元素（钷）、第85号元素（砹）、第87号元素（钫）。

　　除了镎和钚，近年来还制得了新的超铀元素，镅（第95号）、锔（第96号）、锫（第97号）、锎（第98号）、锿（第99号）、镄（第100号）、钔（第101号）。最近几年在制造更多的超铀元素方面又有许多新的有意义的科学成果。——原书编者注〔近年来发现的还有锘（第102号）、铹（第103号）、铲（第104号）、𨧀（第105号）直至𫟼（第118号）。——译者注〕

战争和原子

几千年来，人一次又一次地选配打开自然的秘密的钥匙。越是了解自然的秘密，自然便变得越驯服。

水和风，铁和煤，都顺从地为人服务，给人光和热，给人饮水，给人食物和衣服，送人到他所想去的地方去——无论是走陆路，走海路，或是航空。

然而，人获得了自然的力量以后，不仅把它用在和平事业上，也把它用在战争上了。

这一次，人们得到了打开那扇藏着原子能的

最秘密的房门的钥匙，情形也是这样。

在许多世纪里，成千上万科学家为选配这把钥匙而努力。

但是成功地打开这扇门只是在不久以前——地球上空前残酷的战争正在进行的时期中。

科学家在实验室里做第一次链式反应实验之前，法西斯主义国家已经开始思索，怎样可以使这种新的力量为战争服务。

从前，他们很少关心原子核物理学的发展。他们觉得，原子核的研究是件无利可图的事情。但是，一旦发觉物理学能够给他们一种有巨大破坏力量的新武器的时候，他们便毫不吝啬地开始把无数的金钱花在原子能实验所和原子能制造厂的建造上面。

美国人终于制成了原子弹，他们究竟怎样制造他们的原子弹呢？在战争结束以后不久，他们的报告书极笼统地叙述了这件事。

要用铀来造原子弹，必须从它里面把铀-238

差不多全部除去。必须用纯粹的铀-235，或是跟它的性质一样的新元素钚①，但是这里又产生了一种危险。大家知道，只要制造一块相当大的铀-235或是钚，那么偶然外边来一个中子（这种中子在周围很多），就会引起链式反应。于是原子弹就将在制造原子弹的人的手里爆炸了②。

恶魔不到时候就脱逃出来，而且把指挥它的人炸得粉身碎骨。

看来，应该考虑的不是怎样可以使原子弹爆

---

① 钚在各种速度的中子作用下都会分裂。——原书编者注
② 原子锅炉不会变成原子弹，即使它损坏了，也只是熔融，不会爆炸，因为在普通的天然的铀里，或者铀-235同位素成为浓缩状态的铀里（在原子锅炉里用的正是这一类铀），不会发生链式反应。在天然铀里，中子由于和铀核作用而变慢了——你知道不是每一次碰撞都会引起中子的被俘获。在铀的特殊配置情况下，中子的速度一下子降低到能使大量存在的同位素铀-238分裂的最低极限，因此反应马上停止。而在铀-235或钚里，不管什么速度的中子都能使核分裂，因此当核"燃料"的质量超过某一个大小，链式反应就失去控制，中子数急剧增加，铀核迅速分裂，立刻产生巨量的热，一句话，发生了爆炸。——原书编者注

铀、钚等危险核能

炸，而是怎样可以管制它，不让它提前爆炸。

于是，他们想起了铀块的大小不到限度的时候中子从铀块里飞逃出来的情形。可以选一块大小没有危险性的铀块，从那样的小铀块里脱逃出来的中子比原子核分裂生成的中子还要多。那样，链式反应一开始就会中止。

但是，假如使这样的两块小铀块靠近，使它们合成一大块，情形就马上改变了，脱逃出来的中子就会减少。假如能选择两块大小相当的铀块，只要把它们并在一起，它们就马上爆炸。为了做到这样，只要用一块铀（作为炮弹）来击中另外一块铀（作为靶）就行了。

制造原子弹的问题就这样解决了。1943年，美国人着手制造原子弹。1945年夏天，为了试验，在新墨西哥州的荒原上，第一颗原子弹爆炸了。

美国的报告书大肆渲染，把这一次爆炸描绘得非常可怕。

原子弹爆炸

根据报告书，事情是这样的。为了试验原子
弹，他们造了一座钢塔。塔上安装着一些仪器：
为了远距离观察原子弹用的和引起爆炸用的机
械。操纵站离钢塔9公里。在那用泥土和木头造
的隐蔽所里，放着管理和操纵的仪器。总观察所
设在离钢塔15公里远的基地营地上。

原子弹是由远方运来的零件装配起来的，然
后提升到塔顶上。在原子弹爆炸的前夜，狂热的
紧张的工作通宵没有停止。爆炸规定在清晨5点
30分举行。

在爆炸前20分钟，所有人都站到各自的岗
位上。在隐蔽的操纵站里，一个人站在扩音器前
面，另一个人站在给远距离爆炸装置接通电流的
仪器前面。在营地上的所有人都奉令脸朝下、脚
向着塔扑在地上。站在隐蔽所里的扩音器前的人
报告着距离爆炸的时间："还有10分钟。""还有
5分钟。"

当他发出"还有45秒钟"的信号的时候，

用来使原子弹爆炸的自动装置被接上电流。大家都屏住了呼吸。最后，发出了"到时候了"的喊声。

一切都被比太阳光还要耀眼的炎热的闪光照得雪亮。这个闪光把荒原上每一座山峰和每一道峡谷都照得特别清楚。

过了半分钟，有一种低沉的隆隆声传到了观察者的耳朵边。这是爆炸产生的冲击波到了，把

站在隐蔽所外面的两个人冲倒在地上。

脸朝下扑在营地里的人们回转头去，从黑眼镜里看见一个大火球，一团五颜六色的火云。这团火云翻滚着，渐渐地扩大，向上升起。

火球变成了一个巨大的蘑菇，蘑菇伸长了，成了高十公里以上的巨柱。后来，高空里的风把烟云吹散了。

钢塔消失了。在原来是钢塔的地方，出现了一个边缘倾斜的大坑。

为了研究那个坑，他们派了几辆有特殊装备的坦克到爆炸地点去。坦克的铅板能保护研究人员不受到爆炸时候产生的放射性物质的伤害。

在美国政府的原子弹报告书里，很清楚地指定了它的使命：破坏敌人或"友好的"国家的城市。报告书里说，必须使原子弹在高空爆炸，使"它能够对建筑物发挥出最大的破坏作用""必须考虑原子弹对人心理上的影响"。为了破坏城市，为了恫吓人——这就是发明制造原子弹的目的。

　不久以后，它就被试用了，这一次不是在荒原里，而是在人烟稠密的地方。两颗原子弹——一颗是用铀-235制造的，一颗是用钚制造的——投在日本的城市广岛和长崎。那两个城市被严重地破坏了，成千上万的人遇难。

广岛和平纪念馆（原子弹爆炸纪念馆）

两条道路

世界上的一切都是相互联系的——原子的生命和行星的生命，人民的命运和对科学的征服。

不同国家千百万的人们在报纸上读到了关于中子、原子核、铀原子锅炉和原子弹的文章，从收音机里听到了关于中子、原子核、铀原子锅炉和原子弹的广播。人们都不安地问：这究竟是怎么回事呢？

假如不问"这是怎么回事"，而问"这是为了什么"，那么就比较容易回答了。

人类现在掌握了藏在原子核里的强大的力量，究竟是为了什么？——为了生还是为了死，为了破坏还是为了建设？罗蒙诺索夫、门捷列夫、卢瑟福等的伟大发现究竟是为了什么——是为了人类进步，还是为了叫人类变得野蛮？

原子弹是战争的产物。那不久前旋风般扫过地球的战争是法西斯主义的产物。

从前也有过战争。但是那时候的战争都只是军队和军队、士兵和士兵之间的武装斗争。非武装的人们也有死亡。但是这被认为是偶然的不幸，不是战争的目的。罗马的将军马塞拉斯就曾经说过："我不跟儿童们打仗。"

法西斯军队不仅跟士兵打仗，而且还跟儿童打仗。他们创造了关于"总体战"的概念，这就是说，这种战争的目标不仅指向武装的士兵，而且指向没有武装的居民。他们不仅轰炸军队、防御工事、桥梁和军需工厂，还轰炸住宅区域。

这不可能不引起回击。

于是，在美国的武器中出现了一种炸弹，它的名称公开地叫作"住宅破坏型"。

原子弹是总体战的产物，这是指向非武装人员的武器。它的直接任务是破坏城市，而不是跟在战壕里的士兵做斗争。原子弹报告书里面就很清楚地说明了这一点。后来，原子弹试验工作的领导人之一，美国的将军马可利夫也同样清楚地说到这件事。他向记者宣称，这种新的武器在跟敌人的军队作战的时候未必能够大量应用。距离原子弹爆炸的地点即使不太远，普通战壕也能保护士兵，使他们不受到爆炸冲击波和高热的伤害。坦克和大炮更将保持完整无损。

知名的美国科学家奥本海默教授说，原子弹是突然袭击和恫吓人的武器。他说："恐怖和突然就跟原子核的分裂一样是原子弹不可分开的性质。"

因此，第一颗原子弹投在城市而不投在防御

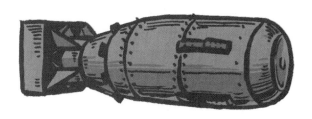

第一枚投入实战的原子弹"小男孩"

工事上，当然不是偶然的。

原子武器不能决定军队的命运，它是被指定用来杀人的，而且主要是用来恫吓非武装的和平居民的。

再说，就是用来恫吓人，它也并不是永远有效的。

美国人在1946年夏天所做的试验说明了这一点。他们曾经试验用原子弹去炸沉停在一个珊瑚岛海湾里的舰队。

这一出戏花掉了一大笔钱，应该震动全世界。但是戏没有唱好，破坏并不很大。

原来原子弹完全不像他们所描绘的那样可怕。

正像克雷洛夫①老爹说的：

> 山雀赢得了夸赞，
>
> 大海却没有点燃。

将来怎样呢？

假如不禁止与和平为敌的武器，人类的前途将怎样呢？

原子弹的秘密已经不再是个秘密了。这是当然的道理，因为研究科学的并不是只有美国人哪。

许多世纪以前，英国科学家罗吉尔·培根②用难懂的暗号把炸药的配制法记了下来。他想为这种能引起空前破坏的新威力保守秘密。但是培根不知道，他的秘密并不是什么秘密，在世界的

---

① 克雷洛夫，俄国寓言作家。——译者注

② 罗吉尔·培根，英国的哲学家和实验科学家，生活在13世纪。——原书编者注

另一端，中国人早已发明了火药，并且，离大炮在欧洲怒吼的那一天也不远了。

在现代——科学进步的时代，新的火药的秘密更不容易瞒住人了。

但是，难道原子能一定得担任破坏工作吗？难道人类不明白，这条道路要把人们引到悬崖的边缘上去吗？

大家知道，有两条道路：一条通向死亡和破坏，另外一条通向生存和建设。

人们会毫不犹豫地选择后一条道路。

旅行结束

任何旅行都有个结束。

周游世界的旅行到出发的地方结束。

登山是在登山的人在山顶上升起旗子的时候结束。

那么原子世界的旅行有没有个结束呢？

人们不止一次地感觉到，他们已经走到了路的尽头。他刚走到原子前，就停留在它的边境上，以为不能再往前了，原子是不可分割的，是进不去的。但是实验表明不是这么回事。原来原子是可以分割的，是可以进得去的。旅行家看见原子能够蜕变，碎块从原子里向外飞射。

挡在罗蒙诺索夫讲过的那个"大自然的最神秘的殿堂"前面的帷幕被揭开了。

人们面前展开了一个没有看见过的新的世界。

原子中间有原子核。原子核的周围有成群的电子在绕转。

人们又觉得不能再前进了。原子核和电子是跨不过的边界。

但是有一个伟大的思想家知道，物质不仅无限宽广，而且无限深邃。分子，原子，原子核，电子，这些全是通往物质深处去的无限长的梯子的踏级。原子是无穷尽的。

列宁曾经这样教导我们。

科学家在通往原子世界的道路上走得越远，他们越明白列宁的话的正确性。

到原子世界去的旅行没有结束，也不可能有结束。

科学家跑进了原子核，在它里面找到更小的微粒——质子和中子。

科学家们看见了，这些物质的微粒（它们叫核子）也不能算是永久不变的、不可分割的。

不是不久前，人们还以为一种原子是不可能转变成另一种原子的吗？如今，人们已经开始谈论到中子转变成质子的事情了。

只有这种转变，才可以说明一种从前好像是无法解释的现象。

科学家不止一次地问自己：从裂变的原子核里飞出来的电子是哪儿来的？

实验室研究人员

你知道原子核里只有质子和中子，并没有电子。

从没有装子弹的枪筒里会打出子弹来吗？从空的笼子里会飞出鸟来吗？这个问题，我不是凭空想出来给读者开玩笑的。我是从科学家那儿听来的。

那么这些问题的答案是什么呢？

空笼子里飞不出鸟来。但是假如笼子里有个鸟蛋，鸟蛋孵出了小鸟，小鸟学会了飞，空笼子里就可能飞出鸟来了。

原子核里没有电子。假如有电子从原子核里飞出来，这就表明，那里面在产生电子。

那么那个会孵出"小鸟"——电子——来的"蛋"又在哪儿呢？

那个"蛋"就是中子。

中子的深处在进行着某种变化，由于那种变化，它里面产生了电子。

中子抛出电子——带着负电荷的微粒——以

电子

质子

中子

中子抛出电子

后，自身变成了带正电荷的微粒，变成了质子。

我说"在中子的深处"，这意思是说，可以比目前还要深地走进物质里面去。这条道路一直通向我们将来认为是物质最小微粒的深处。

谁知道呢！也许在不久的将来，我们便要读到讲"核子和电子的内部构造"的书，听关于"核子和电子的内部构造"的演讲了。

电子会产生出来，电子也会死亡。

科学家做了这样的实验。

他们让伽马射线透过铅。在经过铅原子核的

时候，光的微粒——光子——便消失了。代替它们出现了一对电的微粒：一个带着负电荷，一个带着正电荷——一个电子和一个正电子。一种物质转变成了另一种物质：光的微粒转变成了电的微粒。

假如旁边有磁铁的话，电子便走向一个方向，正电子走向另外一个方向。从饱和的水蒸气里穿过的时候，它们后面留下分叉的两条痕迹，两串水滴。

这些新生的微粒留在相片上的痕迹真是奇怪而且动人，就像孩子们的小脚丫在沙地上留下的脚印一样。

他们还发现了相反的现象：电子和正电子合并在一起，变成光子，发出看不见的闪光。

于是，他们知道电子也不是永久不变的。甚至在我们研究到质量差不多只有质子的两千分之一的电子那样小的微粒的时候，物质转变的链还没有到达尽头。

科学家发现了原子能够从这一种蜕变成那一种，于是就说明了许许多多从前好像是无法解释的事情。

而极微小的微粒——核子和电子——的转变，也解释了自然界的许多事情。

从前，科学家不了解：究竟是什么力量把中子和质子束缚在原子核里？这是一种什么联系？核里的微粒能聚在一起，究竟凭了它们相互间的什么作用？

他们用微粒的转变解释了这些。

瞧，这是一个氦原子核。它里面有四个微粒：一个中子和一个质子，又一个中子和又一个质子。中子产生出电子之后，变成质子。但是电子不能够留在核里。旁边的质子马上把它吸了过去，并吞了它，因此质子就变成了中子。但是中子又抛出电子。这样的转移，这样的没有间断的和谐的运动，从中子到质子，不停地周而复始，把四个微粒全聚合在一起。

人们在自然界里，无论在恒星内部还是原子核内部，发现了不断的演变。没有永久不变的东西。无论哪儿都没有静止，没有不动的东西。

各种世界在产生。极小的原子核微粒也在产生出来。

物质的辐射能转变成电能：光产生物质。

整个宇宙是无限宽广和无限深邃的实验室，在那里面，旧的在毁灭，新的在产生出来。

原子在产生出来，也在蜕变着。分子、晶体、有机体、山脉、大陆、天体都在产生出来，都在毁灭。

我们居住在这种变化的旋涡中。我们自己也不停地在变化。

然而人是有能动性的物，是能够认识万物的物。

人认识自己周围的世界，也认识自己内在的世界。人在改造世界。他使原子合成分子，合成它们自己从来不会合成的东西。人在自己的实验

室和工厂里制造从前在自然界里没有过也不可能有的各种化学药剂、颜料、药物、合金、织物和建筑材料等。

他鞭策电子的流，叫它们沿着导线跑，帮助他做工。

他好像是一种新的宇宙的力量，有意识、有计划地在改造自己国家和大自然。

人向物质里面钻得越深，他支配大自然的权力就越大。

展望未来

原子能会给我们些什么？

为了回答这个问题，我们不得不跨过今天，瞧一瞧未来。

但是关于未来，我们知道些什么呢？

我们每个人都有自己下一天的、下一季的，甚至下一年的计划。

我们整个国家也有精密的五年计划。

我们现在已经知道，我们将生产多少铁、煤和石油，我们在五年里边，应该建设多少工厂、矿坑和发电站。

但是五年计划还有比表面上远得多的目标。每一个五年计划都是通向未来、通向共产主义的巨大桥梁的一个桥架。

五年计划不只讲到新的工厂、铁路和发电站，还讲到新的科学研究，这就是说，讲到未来的技术问题。

在说到这种研究的时候，也提起对于工业和运输有益的原子能研究工作。

瞧，这就是以后的明确的指路标，我们可以从这里出发开始旅行，到原子能完全被征服了的那个时代去。

现在让我们跳过若干年。

让我们脱离实际情况和数字，试一试到现在为止我们还没有做过的科学幻想吧。不过我们还是尽可能地依据科学，不要叫想象力太自由了。

现在我们已经跳过了若干年，来到原子动力站的门前了。

这个动力站在什么地方呢？在我们国家的南

方还是北方，平原还是山区，沿海还是荒原？我们随便把它放在哪儿都行。

它不需要煤。用一架飞机就可以运来动力站一年所需要的"原子燃料"。这里用不着载运一车一车的煤或是泥炭。

因此，我们用不着把我们的动力站设在铁路旁边或是煤矿附近。它即使设立在海洋当中的岩石上，也没有关系。

在这里，我们看不见给蒸汽动力站的炉子通风用的高大烟囱。原子燃料不需要供燃烧用的氧气。原子动力站不呼吸也能工作，因此，就是把它设立在水下、海底或是地下深处，也不要紧。

那么人呢？假如动力站设在海洋当中的岩石上，设在没有水的沙漠里，设在海底，或是地底下，人在里面工作方便吗？

这种动力站可以不用人照管，自动地工作。这样甚至会更好一些。因为原子锅炉里会产生出对人有害的放射性物质，所以要在离它比较远的

地方管理它。

帮助我们幻想的这一串推理究竟领我们到哪儿去呢？

它领我们到自动原子动力站去。这种动力站可以安置在人最不容易去的、最不方便的角落里。

既然这样，那么这就是我们的强有力的新盟友——原子能——给我们的第一个帮助。它将帮助我们征服苔原和沙漠；它将在北极的黑暗的夜里给我们光；它将在冰天雪地里帮我们在温室里种出葡萄来；它将缓和沙漠里的酷热，而且从地底下汲出地面上所缺少的水来。

原子能会把城市变成废墟，会把原来有良田和果园的地方变成死气沉沉的沙漠。

但是，假如好好地把它用来为人类造福，它将在原来是沙漠的地方建筑起城市，创造出果园和良田。

在比肉眼仅能辨别的小点儿还小亿万倍的原

核能造福

子核里，我们将找到极大的力量，这种力量将帮助我们改造大地。

利用原子能，我们将很不费力地在短时期里开掘出运河，在深山里凿出宽阔的河道，改变流水的方向。

我们将改造气候。现在地球上有过于寒冷的地方，也有过于炎热的地方。

大气的对流进行得不太好，因此太阳的热在地球上的流动和分配很不平均。

大规模地改变地形和海岸线以及创造了新的

海以后，就可以支配流水和空气团，使它们把热携带到缺少热的地方去，缓和地球上某些地区的酷热。

我们将管理天气：制造人造气旋，以便改变各种气团的路径，在冷气团的出生地——北极——把冷气团烤热。

原子能将使彼此离得最远的城市接近。

现代的铀或钚原子锅炉连同减速剂石墨，对于飞机来说还过于沉重。

但是谁能妨碍我们想象，科学家将想出一种比石墨轻的新的减速剂，例如重水呢？这种水里面所含有的氢不是普通的氢，而是重氢，科学家已经做过用重水来做减速剂的实验了。

但是还有个困难。必须从极小的一块面积上取得大量的热，因此温度一定很高。水或别的工作物质是从原子锅炉里取得热来转动涡轮的，温度越高，我们设备的效率就越大。

然而温度逐渐升高，将升到任何钢铁、任何

锅炉也受不住的高温。这将是没有法子越过的"天花板"——上升限度。

人能不能把这个困难也克服呢？能不能冲破这层"天花板"呢？

我想，将来是能够的。你知道在 20 年前，不是还没有高压锅炉吗？现在压力已经可以高到 100 千帕，温度已经可以高到 500 摄氏度了。普通的钢经不起这么高的热——科学家创制了一种新的耐热钢。

其次是把蒸气的温度提高到 500 摄氏～600 摄氏度。我们的冶金学家已经在创制能够经得住这样高的温度的钢铁。

我们不可能永远预先知道技术将要走的道路。

我们也不应该忘记，关于原子能技术，现在不过像小孩子刚学会迈步那样。难道不能学会走得再快一些，再稳一些吗？

未来的"原子船"用不着叫人整天消磨在运

煤工作上。只要送一公斤钚到港口去，就可以不再为燃料操心了。

原子能将帮助人们征服地球上的空间和地球以外的空间。

行星际原子火箭船将克服地心引力，飞向遥远的世界。在那里，比如说在火星的荒原上，原子能将帮助从地球上飞去的旅行家考察那颗陌生的行星。

人们将携带制造人造气候的机器到那里去。现在就有这种机器了。那时候，在别的行星上，在自己的飞船里，人们将感觉到像在家里一样舒服。

在蒸汽机车和轮船的锅炉里燃烧着的煤的能，或是把活力给予汽车和飞机的汽油的能，已经帮助人们征服了一个行星——它的陆地、海洋和空气层。而比煤和汽油的能无限强大的原子能却将帮助人们占领太阳系。

像这样到最近的世界——原子里去的旅行，将带领人们到另外的辽远的世界去。

我们必须记住，铀-235受中子的打击而分裂所释放出来的，只是物质里边的一小部分的能量。

1公斤铀给我们的能量相当于3000吨煤。

假如可以把1公斤铀或别的物质全部变成辐射能，我们就可以得到相当于3000吨煤的能量。

空间的征服、能量的征服和物质的征服将手拉手地并肩前进。

"炼金"实验室和工厂将制造出地球上稀有的元素。

科学家如今已经在用人造放射性元素医治病人，做化学分析，研究有机体内部的生活。

放射性元素的原子是"示踪原子"。它们在没有放射性的弟兄群里，不能不叫我们看见。"示踪原子"都发出放射线。它们本身就在自己的位置上发出信号来。

可以给病人吃些掺有一点儿"示踪原子"的食物，跟踪这些原子的旅行，就可以研究生物体的生活，跟疾病做斗争。

这种"化学的透视"比起伦琴射线来，使我们的视力变得更强更尖锐。看不见的事物将变得看得见，接触不着的事物将变得可以接触到。科学家像透过试管的玻璃一样，看见在活的细胞里进行的化学反应。最精细的化学分析也可以做了。化学家们将说："给我们一粒小尘埃，我们

化学家研究尘埃的构成

就可以告诉您，它是由什么东西构成的。"

有些反应只可能在恒星上发生——在地球上，那些反应没有发生的可能，因为对那些反应来说，地球太冷了。

科学家认为，太阳内部在进行着从氢合成氦的变化。在进行这种变化的时候，释放出原子能。

因此，太阳老是无休无歇地燃烧着。假如它是由煤做成的，一定早就熄灭了。

在到未来去的飞行中，我们可以想象到有一个时期，科学家利用原子能，能够在地球上也引起那些直到如今还只有在"恒星炉"里可能发生的反应。

太阳将那么明亮地在我们的上空照耀几十万万年。

但是，即使有一天它变暗了一些，并且地球上的燃料也消耗尽了，也并不可怕。

我们现在从柴薪、煤、石油等取得能，那些

东西贮藏了太阳能，然后把太阳能一点点地给我们。我们从江河的水流取得能，假如没有太阳光使水化成水蒸气升到空中再凝成雨落下来的话，那么江河早就干涸了。

我们还不用媒介物，直接由太阳取得能，例如温室或太阳灶和太阳加热器等。

开动我们的各种机器的能量是从太阳、从恒星产生的能量。

但是，假如我们能够在原子发电站得到电的话，那么不用太阳的任何支援，地球自己，地球

太阳（或让行星发光）

的原子就将给予我们这种恒星的能了。

地球自己将给我们光。

假如有一天，我们的行星——地球变得不宜居住，或者住起来不那么舒服，有什么能阻止人们搬到另外一个比较方便、比较舒服的行星上去呢？

我们本来不想让幻想太自由。我们尽力根据科学来想象。但是我们还是跑得太远了，到了时间和空间的深处！

这只是说，对于人类的思想，对于创造力、劳动和科学来说，没有什么不可能和办不到的事情。

古时候，人们讲过普罗米修斯的故事。巨人普罗米修斯把天火偷来，送给人们。然而实际上，人们在石器时代就取得的那种火是地火，不是天火。

原子在我们地球上的篝火里、炉子里，改变的只是它的外壳——电子外衣。在恒星里，原子

的电子外衣被脱掉了。在那里，失去了外壳的原子核在大堆的电子间疯狂地飞舞，互相碰撞。

原子核在碰撞和转变的时候，产生的热比我们的篝火热得多，有千百万摄氏度。

新的普罗米修斯把第二种火——真正的天火，那种维持恒星的生命的火——赠给人类的时代来临了。

这个普罗米修斯是人类的天才。他是最初指示了研究的目标——原子——的哲学家德谟克里特。他是头一个研究原子世界的人——伟大的罗蒙诺索夫。他是绘制了原子世界图、发现了元素周期律的天才门捷列夫。他是创造科学、开辟通往原子里去的道路的成千成万的科学家和工程师。

新普罗米修斯的礼物以后将变成人类诅咒的东西，还是变成人类幸福的创造者，现在应该由我们大家，由全人类来决定。

有人想把这件礼物变成侵略和奴役别的民族

原子能造福人类

的战争武器。

我们的希望跟他们不同。我们相信，原子能变成为更美好的未来而改造世界的工具，变成有计划的社会主义劳动的工具的那一天将会来临。

编者的话

　　本书选编过程中，首选了王汶老师的经典译本，在核对的同时，对部分与现在用语差别较大的词句进行了细微调整，注释部分也进行了补充。

　　深深感谢王汶老师当年的睿智与功力，将这本科学普及史上极具启蒙意义的著作翻译完成，使得几代中国读者从中受益。本书联系版权过程中得到了很多朋友的热情帮助和大力支持，但虽经多方努力寻找，仍未能联系到译者。我们诚挚希望译作的版权所有人见到本书后与我们联系，经核实后，我们将按国家规定的标准及时支付稿酬并赠送样书。

联　系　人：韩　喆　邓　楠
联系电话：024-23284390
　　　　　024-23284051